万物有话说

精彩广播剧
请扫二维码

给孩子的人文科学启蒙书

水小姐的故事 6

黄 胜◎文

海南出版社
·海口·

这一期的《万物有话说》，问号先生和叹号小姐请到直播间的嘉宾是**水小姐**。

她穿着蓝色的连衣裙，看起来好像有心事。

水小姐和两位主持人简单地寒暄了几句后，便开始讲述她自己的**故事**。

人类出现之前，我就已经在地球上

生活了很久很久。

我几乎无处不在，地球上到处都能看到我的身影。

虽然，古人并不像现代人那样了解我，但是，他们已经知道我很重要。

比如，我可以帮助人们清洁身体、洗涤衣物、灌溉庄稼、运送货物……最重要的是，人如果**不喝水**的话，会**危及生命**。

于是，人们便选择在江河沿岸居住，慢慢地建立部落，随着人群的聚集又发展成村镇和城市。

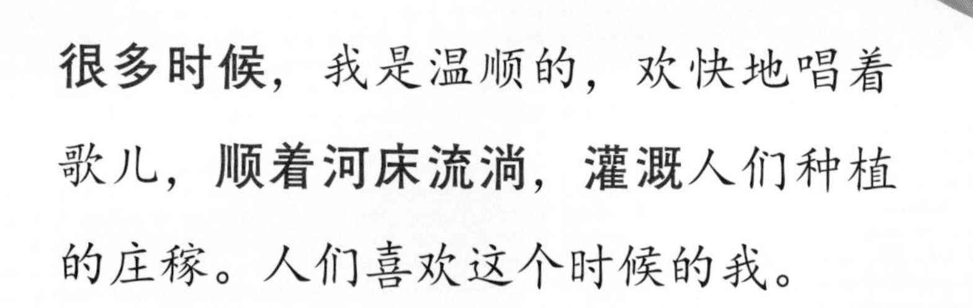

很多时候，我是温顺的，欢快地唱着歌儿，**顺着河床流淌**，**灌溉**人们种植的庄稼。人们喜欢这个时候的我。

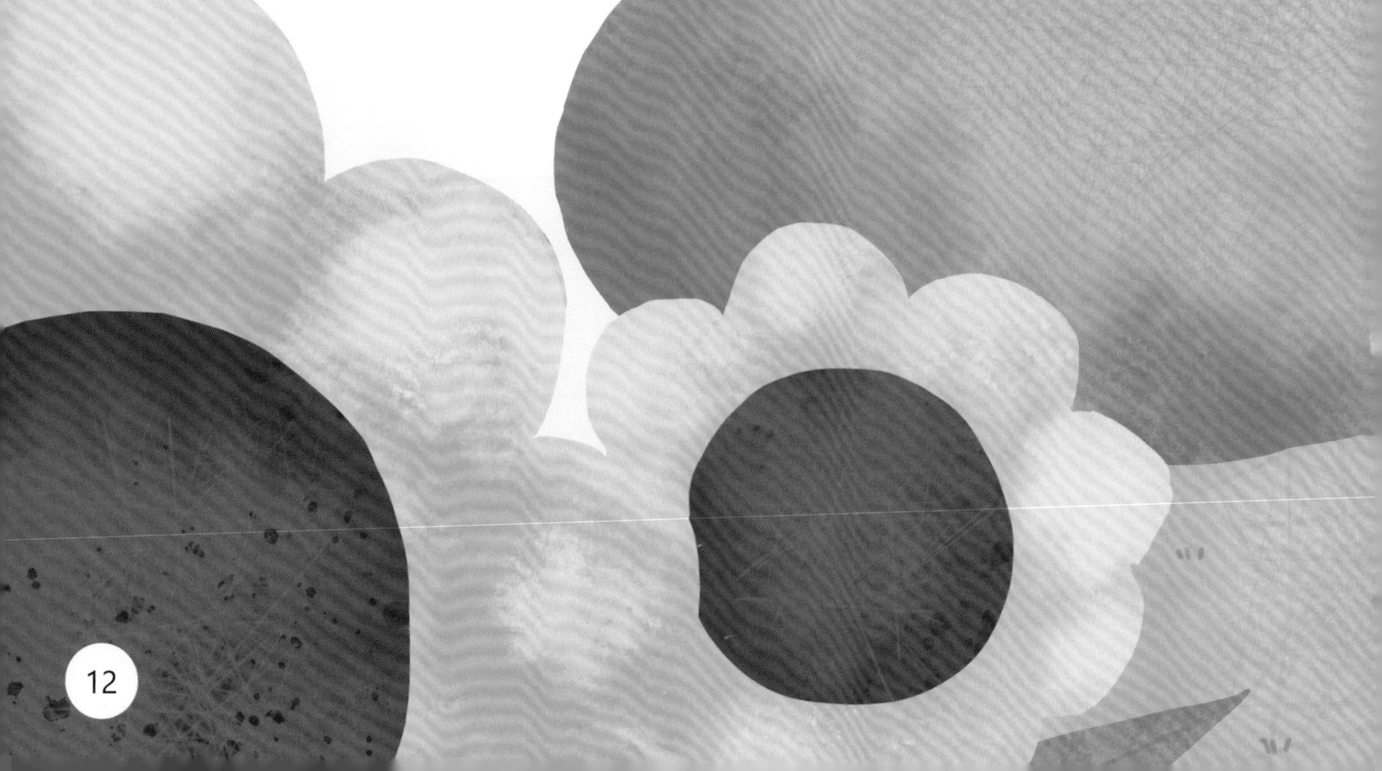

但是，我也有脾气十分**暴躁**的时候，会**推倒**阻拦我的河道和江堤，**淹没**无数的良田，**冲毁**人们建造的房屋。

人们害怕，甚至**憎恨**这个时候的我。

因为古时候人们的知识水平有限，对很多自然现象无法理解。所以，他们对我充满了各种各样的猜想，觉得我是从天上来的，被水神共工操控着。

传说中，我曾给人们带来巨大的灾难，就是因为水神共工和火神祝融之间发生了一次战争。

愤怒的共工一头撞断了支撑天地的不周山，天空破了一个窟窿，我从破洞倾泻而出，瞬间淹没了大地。

虽然，女娲用五彩石
及时把天空中的窟窿补好了。
但是，人们仍然管不住
奔腾咆哮的我。

要怎么办呢？这时，一个叫鲧的人，偷偷从天上拿来了息壤，他想用这种能够自己生长的土，阻拦我。

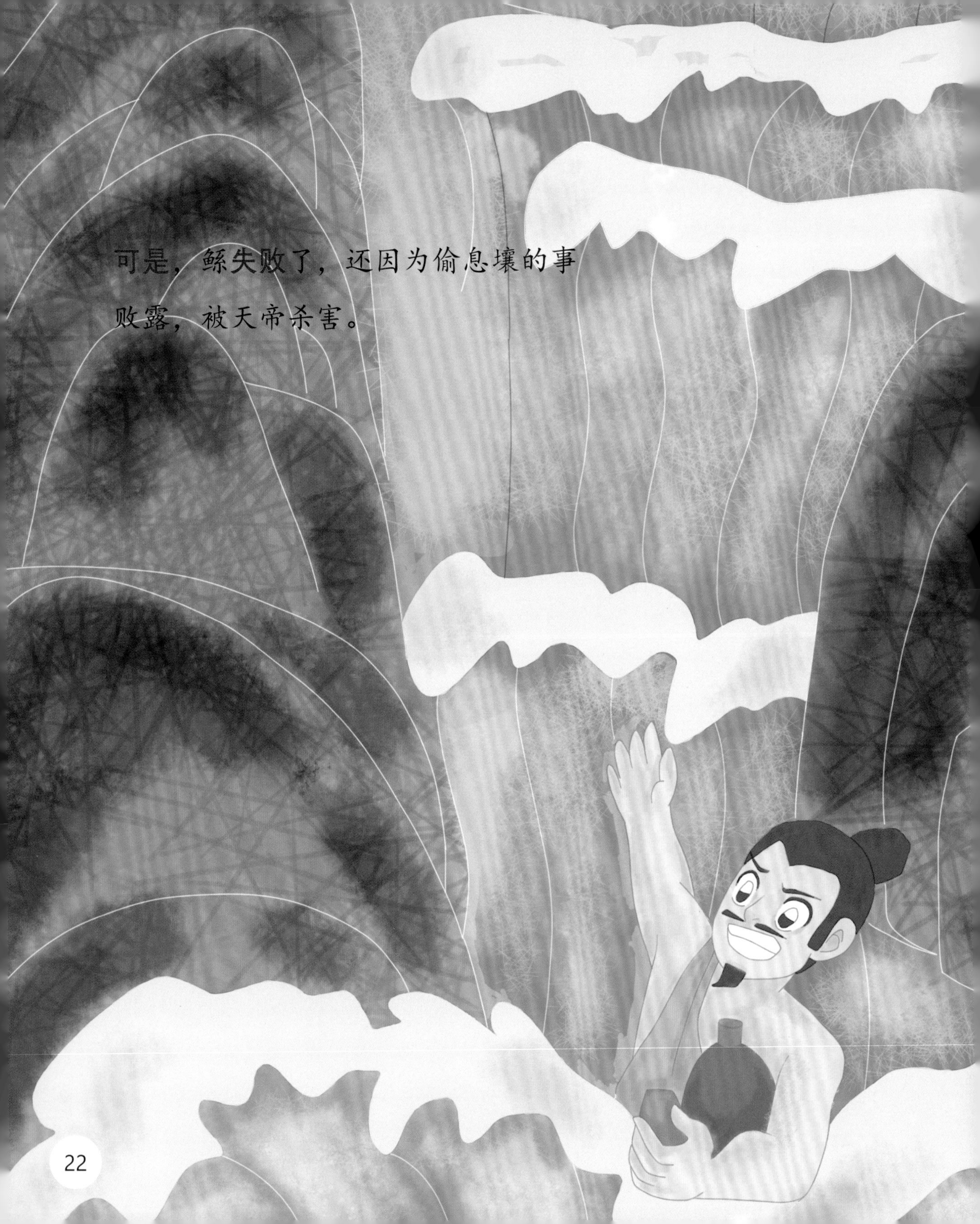

可是，鲧失败了，还因为偷息壤的事败露，被天帝杀害。

后来，鲧的儿子大禹，继承了他的事业。大禹没有像他父亲那样阻拦我，而是领着人们，根据地形挖了很多的渠道，把我引向了大海！

关于我的神话传说还有很多，也在不断地演变。慢慢地，龙变成了我的主宰。

每当天气干旱的时候，人们会祈求龙王降雨，将我送到人间。

随着时间的推移，人们在和我长期的接触中，也逐渐了解我的特性。比如，我可以让树木之类较轻的东西**漂浮**在水上。

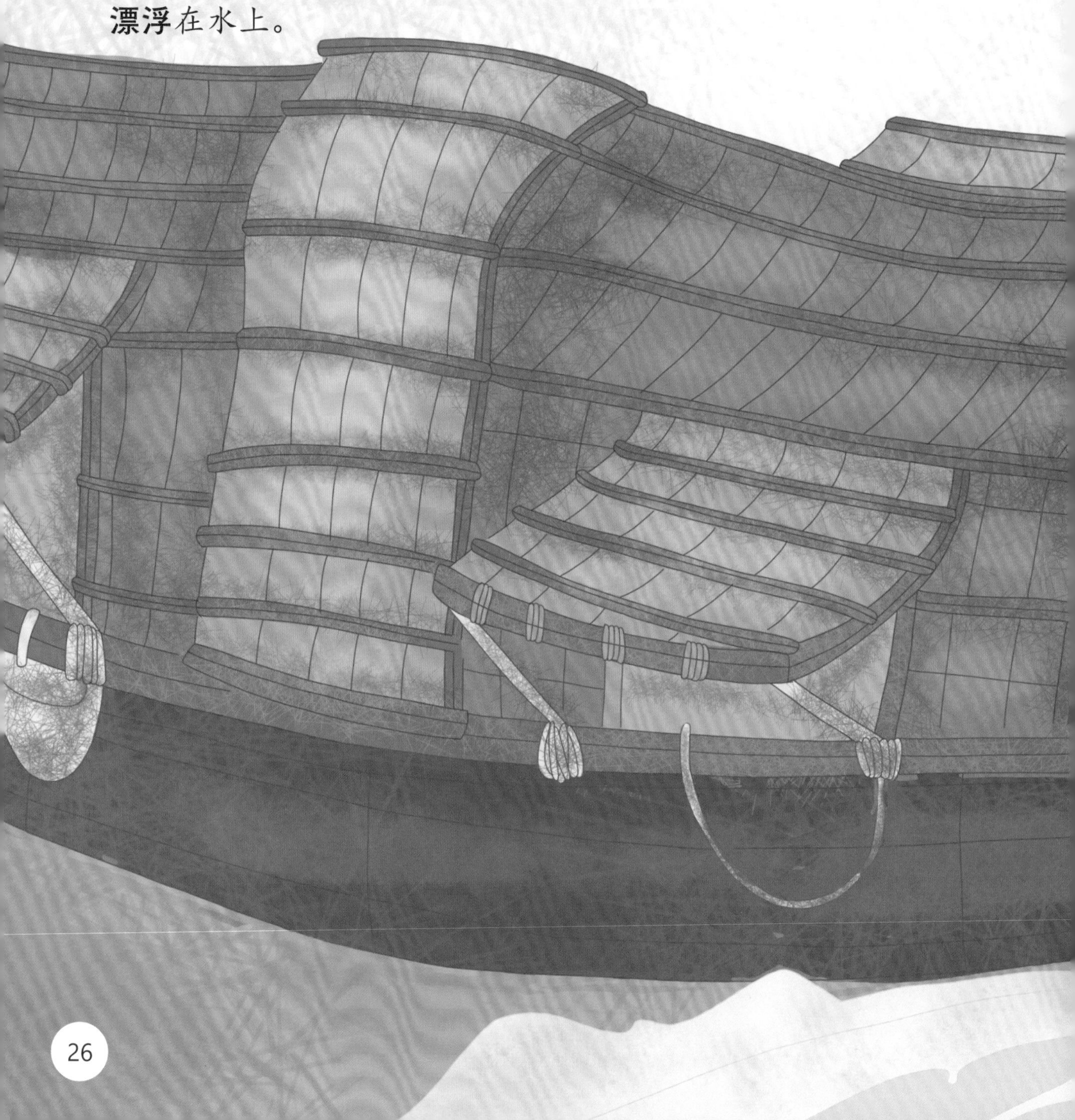

爱动脑筋的人便发明了船。船不仅能够用来运输货物，还扩大了人们的活动范围，载着人们去到更远的地方。

人们还发现，我在河床中奔跑的时候，有着巨大的**冲力**。一些聪明的人便设计出来简单的**机械**，让我帮着做事。比如，他们会在我快速奔跑的河道上建造**水力磨坊**，来加工谷物。

现在，我已经可以帮助人们发电了。

100

液态

气态

0 固态

不仅如此，人们还发现，我会因为温度的变化，而改变存在的形态。

还有人发现，如果**不断地**给我加热，当我变成**气体**的时候，会产生一股很大的动力。

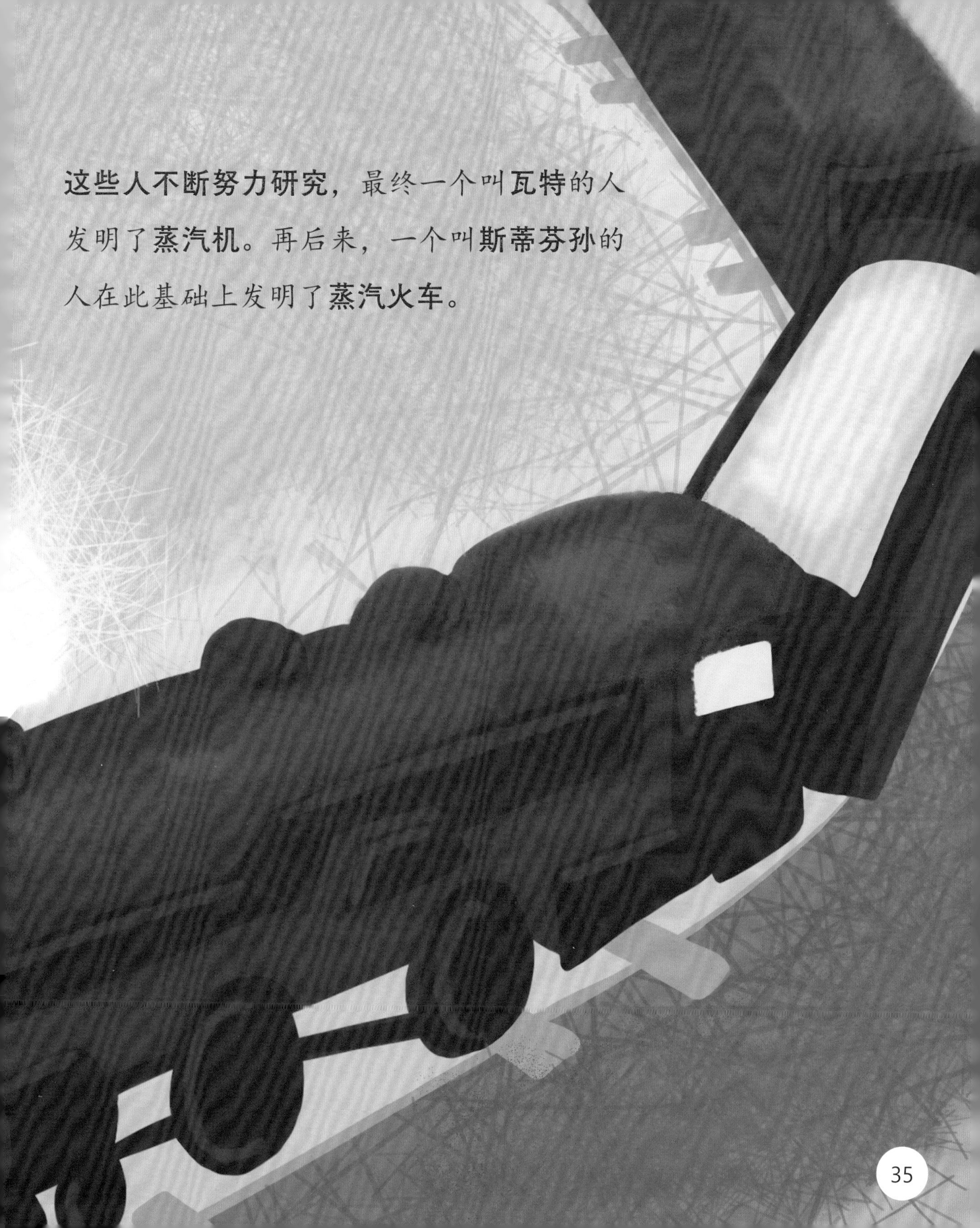

这些人不断努力研究，最终一个叫**瓦特**的人发明了**蒸汽机**。再后来，一个叫**斯蒂芬孙**的人在此基础上发明了**蒸汽火车**。

地球上出现生命也跟我有着密切的关系。因为我在白天吸热，晚上散热，给生命创造了一个适宜生存的温度环境。

而且，我的身体内有丰富的物质，这些物质是生命的基础。我汇集而成的海洋，是生命的摇篮。

水小姐讲到这里，这一期的节目也快要结束了。此时，她透露出自己的心事：人们的一些行为让她生病了，让她缺少了往日的活力。

她希望看节目的小朋友们，能更珍惜、爱护她，

大家一起创造更美好的明天！

图书在版编目（CIP）数据

万物有话说 . 6, 水小姐的故事 / 黄胜文 . -- 海口 :
海南出版社 , 2024.1

ISBN 978-7-5730-1408-5

Ⅰ . ①万… Ⅱ . ①黄… Ⅲ . ①自然科学 – 青少年读物
Ⅳ . ① N49

中国国家版本馆 CIP 数据核字 (2023) 第 220231 号

万物有话说 6. 水小姐的故事
WANWU YOU HUA SHUO 6. SHUI XIAOJIE DE GUSHI

作　　者：黄　胜
出 品 人：王景霞
责任编辑：李　超
策划编辑：高婷婷
责任印制：杨　程
印刷装订：三河市中晟雅豪印务有限公司
读者服务：唐雪飞
出版发行：海南出版社
总社地址：海口市金盘开发区建设三横路 2 号
邮　　编：570216
北京地址：北京市朝阳区黄厂路 3 号院 7 号楼 101 室
电　　话：0898-66812392　010-87336670
邮　　箱：hnbook@263.net
经　　销：全国新华书店
版　　次：2024 年 1 月第 1 版
印　　次：2024 年 1 月第 1 次印刷
开　　本：889 mm × 1 194 mm　1/16
印　　张：16.5
字　　数：206 千字
书　　号：ISBN 978-7-5730-1408-5
定　　价：168.00 元（全六册）

万物有话说